地球温暖化

自然災害の恐怖

第1巻　地震・火山

Time: Nature's Extremes
Copyright © 2008 by TIME INC. HOME ENTERTAINMENT
Japanese translation rights arranged with Hylas Publishing LLC
through Japan UNI Agency, Inc. Tokyo.

地 球 温 暖 化
自然災害の恐怖

第1巻　地震・火山

もくじ CONTENTS

過激な惑星、地球 …… 1

第1巻 地震・火山 …… 3

地球内部 …… 5

流れを知る …… 14
恐ろしい自然の猛威を結びつける大胆なプレートテクトニクス理論。

地殻のひびわれ …… 17
地球の表面がゆれ、ガタガタいってうねりはじめたら、人間に身を守る方法などほとんどない。

断層の警告を知るために …… 23
地震を予知するため、サン・アンドレアス断層の調査に期待をかける科学者たち。

スモーク・イン・ザ・ウォーター（水中のけむり） …… 26
海底の間欠泉が、生物の常識をくつがえす。

炎の門 …… 28
マグマの世界への入り口、火山は、地球の中から新しい大地を生みだすが、時にはぎせいをともなうこともある。危険な噴火を生きのびた2人の科学者が、その恐ろしい体験をふりかえる。

歴史に残る噴火 …… 33
超巨大火山が、ふたたびイエローストーンをゆり動かす。

データ・ダウンロード …… 35

レユニオン島、2002年
噴火によって、インド洋にうかぶこの岩だらけの島を生み出したピトン・ドゥ・ラ・フルネーズ火山は、2002年1月、恐ろしい光景を見せた。

過激な惑星 地球

1960年代、進歩的な天才、バックミンスター・フラーは、地球を「宇宙船地球号」とよび、人々の想像をかき立てた。同じころNASAは宇宙にうかぶ、かがやく地球の写真を発表。人類は、はじめて地球の全体像を見ることとなる。フラーの奇ばつな発想は、地球という意識、つまり環境はさまざまでも、地球は1つなのだという感覚のめばえを象徴していた。そもそも宇宙船地球号とは、人気SFテレビドラマ『スター・トレック』が流行し、宇宙に注目が集まった時代をたとえたことばだったが、むしろ1本の糸が複雑にからみあってできたクモの巣のように、いくつもの自然現象が関係しあっている現在の状況をよくあらわしているようだ。

　この本に登場する科学者の1人、スミソニアン自然史博物館のクリスチャン・サンパーも同じたとえを使っている。「食物連鎖では、底辺には微生物が、真ん中には植物や動物が、そして頂点には人間がいると教えられましたが、実際はむしろクモの巣のように、それぞれの糸がほかの糸を支えると同時にほかの糸にたよっているのです。どこかに力を加えれば、クモの巣全体に伝わります。1本でも糸をとってしまえば、クモの巣全体が弱くなってしまいますし、もっとたくさんとれば、全部壊れてしまうかも知れません」。サンパーは森の食物連鎖について話していたのだが、このたとえは地球全体にもあてはまる。

こういったおたがいにつながっているという感覚は、この本のあらゆるところに登場する。たとえば下の写真について考えてみよう。これはアフリカの砂漠をふき荒れる砂嵐だ。地元の羊飼いにとっては災難だろう。しかし、過去の研究から、こういった嵐は、海をこえ、はるばる南アメリカの熱帯雨林まで、土地を豊かにするのに欠かせないミネラルを運ぶことがわかっている。また、その熱帯雨林にはさまざまな生物がいて、そこで育った植物は、病気と闘う人々を助ける特効薬の材料にもなるのだ。

　クモの巣のように地球全体に広がる自然には圧倒されずにはいられない。しかし、それだけではなく、自然によって恐ろしい思いをすることもある。最近おこっている自然災害がいい例だ。2004年、突然、インド洋の地下にある2つの構造プレートが動き、22万9000人以上の人々が命を落とした。2005年には、ハリケーン・カトリーナがアメリカでも特に歴史のある街をいともたやすく水に沈めてしまった。ルネサンス期のイギリス人、フランシス・ベーコンは「自然がもっともよく秘密を明かすのは、しいたげられたときだ」と言っているが、こうした地球規模の災害を検証することで、この本はベーコンの名言を証明している。各ページには自然災害と災害が人間にあたえる苦しみが、あますところなく記されている。災害は、フラーのたとえのように、人類はすべてこの丸い乗り物の乗客であり、地球というとてつもなく大きな舞台の上では、人類も謙虚にならずにはいられないほど、取るに足らない存在であるということを思い出させてくれる。

―ケリー・ナウアー―

北アフリカ　1992年
宇宙からの写真にも、巨大な砂嵐（左側のうす茶色の雲）がリビアとアルジェリアの砂漠をつきすすんでいるようすが写っている。

第1巻

地震
火山

クリュチェフスカヤ火山、カムチャツカ半島、1994年
人工的に色をつけたこの写真は、10月5日にスペースシャトル・エンデバー号のカメラで写した噴火中の火山（中央のこん色の三角形）のレーダー画像だ。こい赤は雪におおわれた部分を示している。

地球は落ちつきがなく、いつも変化していて、まるで工事中のようだ。この「たえまない変化」はどうやっておこるのだろう？　これはわたしたち人類にとって大きななぞだ。地球の時間は何百万年、空間は数千平方キロメートルという単位で考えなければならない。その上、自然については、どんなにあたりまえだと思うことでも、実はまちがっていたりする。たとえば、わたしたちが立っている地面だって、いつもかたいとはかぎらない。「大地震」を生きのびた人たちによれば、地面は海の波のようにはげしくゆれ動くらしいのだ。科学者は、地球の中には液体と固体の二重の「核」があり、とてつもなく熱いというけれど、本当だろうか？　これは、ときどき地球の内側から絵はがきでもとどくかのように、「火山」から熱くて危険な溶岩がふきだすことからもよくわかる。では、だれもがよく知っている世界中の大陸がゆっくり動いているという話はどうだろう？　大陸は地下にある巨大な「構造プレート」の上にういていて、このプレートがぶつかりあっているためにヒマラヤ山脈や海底の「深いさけ目」ができたといわれているけれど？　これもそのとおり。まさにこの地球をおおう"皮"のつなぎ目で、地球が動いているという、たしかな証拠があるのだ。2004年12月26日、太平洋の海底深くで、2つのプレートが動いた。地球の大きさから見ればささやかな出来事で、ちょっと肩をすくめた程度の地殻のぶつかり合いだったが、それでも12時間以内に22万9000人以上が亡くなった。この地震によっておこった巨大「津波」のぎせいになったのだ。母なる自然は人類にこう伝えたかったのだろう、「おごってはいけません。用心しなさい」と。

地球内部

大地を生みだす溶鉱炉

ピトン・ドゥ・ラ・フルネーズ火山、レユニオン島

　世界でも特に元気な活火山ピトン・ドゥ・ラ・フルネーズは、インド洋西部にある島を生みだした2つの巨大火山の1つだ。2006年11月16日にも噴火が確認されている。活火山ほど、地下にある強力で高温のエネルギーを近くで見られる機会はない。熱いマグマ（溶けた岩）が地中から上ってきて、地上にふきだすのだ。地球上の大陸と海底の8割以上が火山によってできたと考えられている。「溶鉱炉の頂上」という意味のピトン・ドゥ・ラ・フルネーズ火山は、レユニオン島にあり、高さは2400メートル以上。1640年から150回以上噴火したおかげで島はどんどん大きくなり、いまでは面積約2500平方キロメートル、60万人以上が暮らしている。ほとんどの火山は構造プレートがぶつかりあう断層上にあるが、ピトン・ドゥ・ラ・フルネーズのように、プレートの途中にあって、いつもマグマの流れ（プルーム）ができる「ホットスポット」の上にも火山はできる。

地球内部

大陸のぶつかりあうところ

オゥファイルフォス滝、エルドギャゥ断層、アイスランド

地球の表面は大陸と海底の下に横たわる巨大なプレートからできていて、このプレートは、煮えたぎるマントルにうかびながら、ゆっくり動いている。この発見は、近代地球科学の基礎となっている。プレートはとても長い境界線で交わっていて、地球の表面には、ちょうど野球ボールのぬい目のように、境界線が何本もたてよこに走っている。こうした地殻のひびわれから、地球のかくれた力が顔を見せる。ひびわれにそって火山ができ、地震が発生するのだ。プレートがよってくる帯（収束帯）の中でも特に有名なのはアイスランドのエルドギャゥ断層で、ほかには東アフリカの大地溝帯やアメリカで一番よく知られている地溝、カリフォルニアのサン・アンドレアス断層がある。

地球内部

ホット虹スープのつくり方　材料はマグマ、バクテリア、そして日光

グランド・プリズマティック・スプリング、イエローストーン国立公園、ワイオミング州、アメリカ

　まるでおできでもできたように、イエローストーン公園の地下、あまり深くないところには熱いマグマがたくさんたまっている。世界でもこれほどカラフルな間欠泉（定期的に蒸気や温水をふきだす温泉）や温泉が集まっているところはめずらしい。中でも一番大きい温泉、グランド・プリズマティック・スプリングは直径約100メートル、深さは約50メートルある。この航空写真には近くの歩道から温泉をながめる観光客が写っているので、くらべれば、温泉がどれだけ大きいかわかるだろう。一番深いところの水温は86度。池のふちの水温の低い部分には、バクテリアや藻の仲間がたくさん住んでいて、それが太陽の光に自然に反応してさまざまな色に変わったため、こんなに色あざやかになったのだ。

北緯44.525度　西経100.839度　GPS

地球内部

東経135.166度 GPS
北緯34.683度

大地を支える神アトラスが肩をすぼめた

神戸、日本

　自然の活動は、とてつもなく大きな影響をおよぼし、人間のつくったどんなにがんじょうな建物も、つみ木のようにもろくなってしまう。1995年1月17日、神戸でマグニチュード7.3の地震がおこったとき、高速道路を支えるどっしりしたコンクリートの柱の下の、かたいはずの地面は、プリンをかきまぜたような状態になり、この巨大な高架はあっけなく横だおしになった。日本列島は地殻のつなぎ目の真上にあり、その下では3つの大きなプレート（太平洋プレート、ユーラシアプレート、フィリピン海プレート）がぶつかりあっている。1994年1月17日、阪神・淡路大震災のちょうど1年前には、太平洋プレートの反対側、カリフォルニア州のノースリッジでも地震がおこっていた。

プレートテクトニクス

流れを知る

恐ろしい自然の猛威を結びつける大胆なプレートテクトニクス理論。

出番を待つ大もの
カリフォルニア州を2つに分けるサン・アンドレアス断層はサンフランシスコの北からロサンゼルスをとおり、メキシコ国境近くまで、約1000キロメートルのびている。

　1985年、物理学者リチャード・ファインマンは著書『6つのかんたんな要素（Six Easy Pieces）』の中で「おかしなことに、地球の内部よりも太陽の中の物質の分布のほうが、ずっとよく知られている」と言っている。昔、空は未知の世界だった。その空にばかり気を取られて、よく知っている（はずの）世界をかえりみなかったのは、興味深いが、これも人間がもって生まれた性質なのかもしれない。自分より下にあるものは、ついつい見下してしまうようだ。

　人類は太古の昔から空を見上げ、星に思いをはせてきた。それなのに、地球が丸いということを知ったのはつい最近。人類の歴史が100パーセントだとしたら、わずか0.1パーセント分くらい前のことだ。それに、地面の下にかたい岩以外の何かがあるらしいと感じはじめるより早く、空飛ぶ機械をつくりだしていた。神話の世界でもそうだ。どんなに文化がちがっても、空は神の世界で、地下はやみの力に支配されていると直感的に信じられていたし、地底からのたより、とりわけ火山や地震は、たいていわるい知らせとみなされてきた。

　人々が地下（といっても、ごくごく浅い部分）を調べはじめたのは、金やダイヤモンド、石油や石炭といった富を求める、欲のためだった。ふつうは土か砂と岩が層になっているので、20世紀になるまで、地球の中は全部そうだと思われていた。ところが、先見の明のある何人かの科学者のおかげで、過去100年間で地下の世界のことがずっとよくわかってきた。いまでは、この本で紹介している地震や火山、地すべりや津波といった、おたがいに関係なさそうに思える自然災害の多くが、関連しあっていることもわかった。それぞれの現象は、大陸を動かし、山脈をつくり、海を干上がらせるほど強力な地球の活動によっておこるのだ。

　最初の革命的な地球科学者は、ドイツの気象学者アルフレート・ヴェーゲナーだった。1910年、まだ30歳だったヴェーゲナーは婚約者にこう書き送っている。「南アメリカの東海岸とアフリカの西海岸はぴったり組みあわさると思わないか？　まるで昔はくっついていたみたいに。僕はこのことをつきとめなければと思うんだ」。このことばのとおり、ヴェーゲナーはヨーロッパ中の大学図書館で地質学や化石の記録を調べ、いくつかおどろくような発見をした。三畳紀（約2億5100万年前に始まり、約1億9500万年前まで続く地質時代）に陸上に住んでいた2.7メートルほどのは虫類キノグナトゥスの化石が2つの細長い地域で見つかっていて、片方は南アメリカ、もう片方は中央アフリカだったのだ。ジグソーパズルのように両方の大陸を組みあわせると、この2つの地域はぴったりくっつく。また、南アメリカとアフリカのもっと緯度の低いところでは、淡水に住んでいたは虫類、メソサウルスの化石が見つかっていて、この2つの地域も切れ目なくつながる。さらに恐竜リストロサウルスは、アフリカ、インド、南極を横断する帯上でしか見つかっていないが、この3大陸をくっつけると、この帯は1本につながるのだ。

14

プレートテクトニクス

　この結論は革命的だったがヴェーゲナーには、はっきりわかっていた。昔、世界の大陸は全部つながっていたのだ。この陸地をヴェーゲナーはギリシャ語で「すべての陸地」という意味のパンゲア大陸とよび、「大陸移動」によって、だんだん分かれていったと考えた。もちろんほかの科学者たちも証拠となった化石に気づかなかったわけではない。地質学者も古生物学者も、昔、海をこえて各大陸をつなぐ「陸橋」とよばれる細い陸地があったのだと言って、これらのめずらしい例を説明していたのだ。主流の科学者がどれほどがんこに古い説にこだわるかがよくわかる。陸橋が存在していた証拠は、よく知られてはいても、わずかな例しかないことなど、だれも気にしなかったらしい。

　彼らが恐れていたのは、専門家でもない若い気象学者ごときに、たくみな陸橋説をくつがえされることだった。米国哲学協会の会長は「まったくのたわごとだ！」と言い捨てたという。第一線のイギリス人地質学者も、同じように「まともな科学者だという評判を傷つけたくなければ」ヴェーゲナーの説など否定するだろうと言っている。1930年、グリーンランドを調査中にヴェーゲナーが亡くなったとき、パンゲア大陸と大陸移動説は、学問としては、いまのバミューダトライアングルのなぞと同じくらいにしか、あつかわれていなかった。

　ヴェーゲナーが相手にされなかった理由の1つは、見るからにかたそうな地球の表面を、すきで畑をたがやすように、なぜ、どうやって大陸が動くのか、解説しなかったからだろう。この説明をしたのはプリンストン大学の地質学者、ハリー・ヘスだった。第二次世界大戦中、ヘスは海軍輸送船の艦長をつとめた。輸送船は、まだ使われはじめたばかりの音波探知機をつんでいて、ヘスは探知機を切らないよう命令した。おかげで海底の地形のくわしい情報を山ほど集めることができたのだ。海を2つに分けるように、ほぼ北極から南極までつながった巨大な山脈、大西洋中央海嶺も、最初のころに発見された。その後、ヘスと仲間たちは、この海嶺は、ほとんどが海底にしずんでいて、野球ボールのぬい目のように世界全体につらなる山脈のごく一部にすぎないこと、そして、この山脈のほとんどが死火山か活火山だということに気づいた。

　これらの火山脈からサンプルを集めたところ、山頂近くの岩はわりと新しく、数百万年しかたっていないのに、斜面の岩はそれよりも数千万年も古いことがわかった。また、頂上からは

パンゲア大陸：世界は1つ

かつて世界中の陸地は1つの超大陸、パンゲア大陸（ギリシャ語で「すべての陸地」の意味）にまとまっていたが、約2億2500万年前に分れつしはじめた。

かつては地つづきだった
2億年前、2つの大陸があった。1つはローラシア大陸、もう1つはゴンドワナ大陸。約1億3000万年前、ローラシア大陸は北アメリカとヨーロッパ、アジアに分かれ、約7000万年後、ゴンドワナ大陸も分れつして南アメリカ、アフリカ、オーストラリア、南極大陸になった。

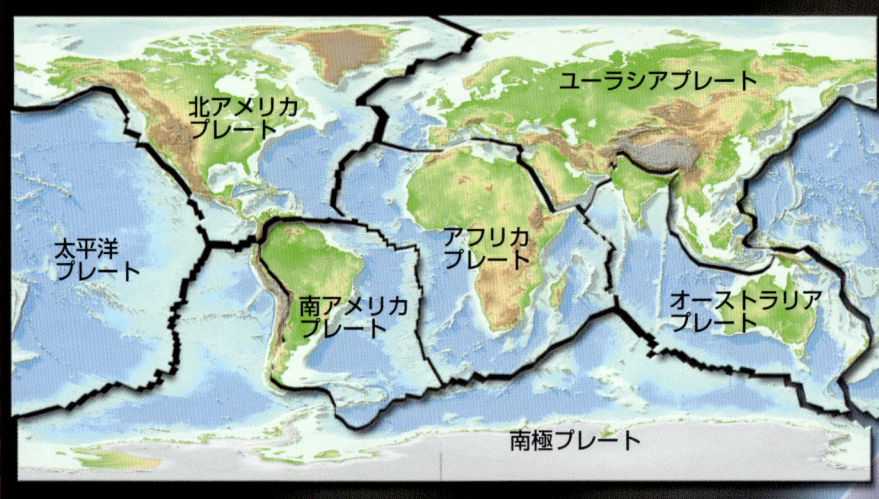

分れつしたパンゲア大陸
がんじょうな大地というのは、人間の空想にすぎない。見たところかたそうに思える地球の表面は、地球内部の溶岩の上についた十数枚の巨大なプレートからできていて、構造プレートが集まる部分では、おたがいにぶつかりあっている。

なれたところで集めた石も、地質学的にはとても古く、数億年前にできたものだった。そこで、ヘスたちはこう結論した。地球内部のどこかで、たえず新しい石がブクブクとわきでていて、それが海嶺にそって、あちこちで火山岩として、外にふきだしているのだ。ヘスたちは、地球の表面はいつもおたがいに遠ざかりつつあるいくつかの巨大なプレートでできていて、その上にのった大陸もだんだんはなれているのだと考えた。

　現在、科学者は、地球の地殻は巨大でかたい11のかたまりと20のずっと小さいかたまりからできていて、ねんどくらいやわらかい溶岩の層にういていると考えている。プレートはギリシャ語で「建てる」を意味する「テクトニック」とよばれているが、これは、小さな池にたくさんうかんだいかだのように、いつもおしあいながら、プレートが地球の表面をつくり、形を

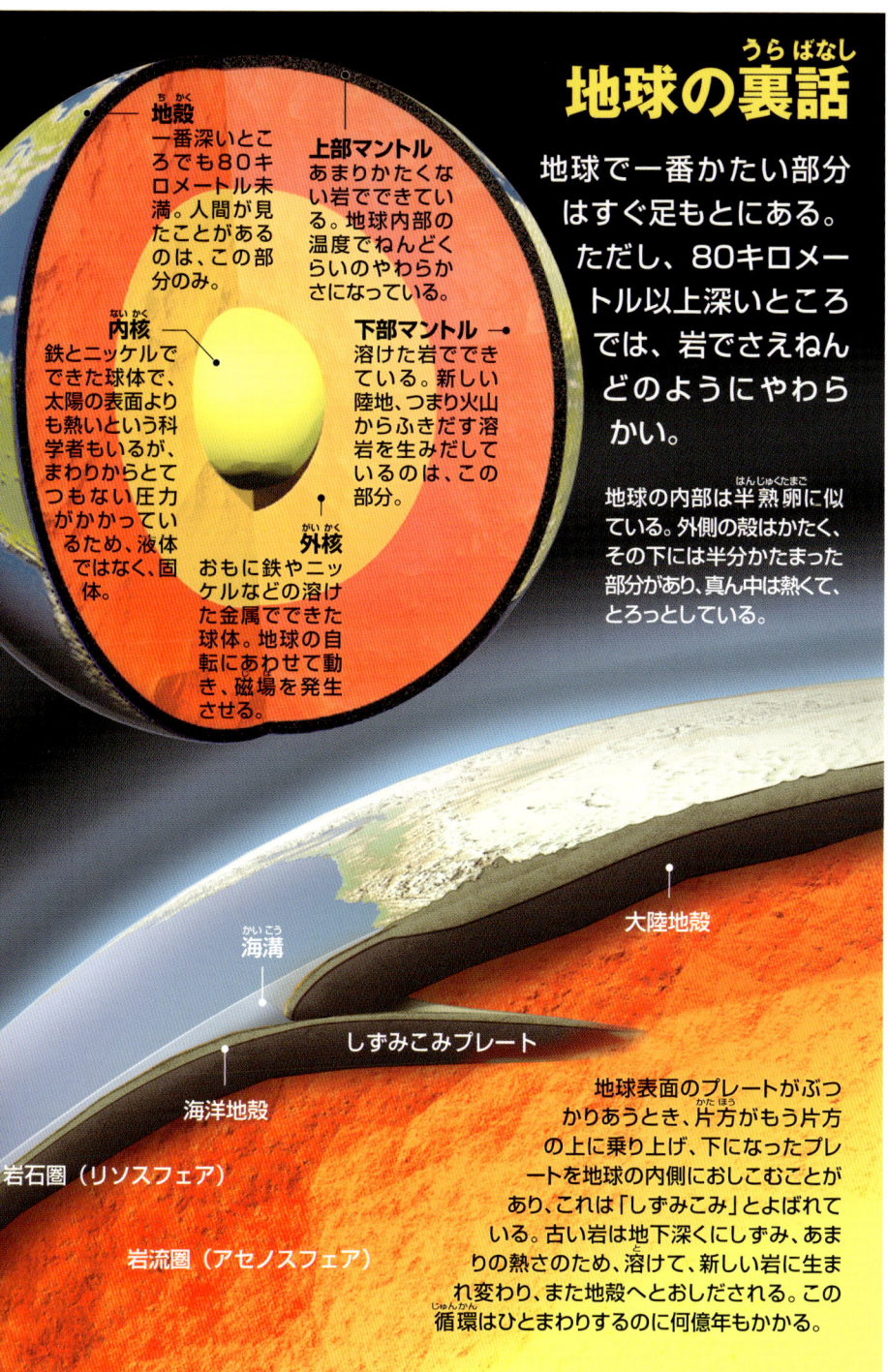

地球の裏話

地球で一番かたい部分はすぐ足もとにある。ただし、80キロメートル以上深いところでは、岩でさえねんどのようにやわらかい。

地殻 一番深いところでも80キロメートル未満。人間が見たことがあるのは、この部分のみ。

上部マントル あまりかたくない岩でできている。地球内部の温度でねんどくらいのやわらかさになっている。

下部マントル 溶けた岩でできている。新しい陸地、つまり火山からふきだす溶岩を生みだしているのは、この部分。

内核 鉄とニッケルでできた球体で、太陽の表面よりも熱いという科学者もいるが、まわりからとてつもない圧力がかかっているため、液体ではなく、固体。

外核 おもに鉄やニッケルなどの溶けた金属でできた球体。地球の自転にあわせて動き、磁場を発生させる。

地球の内部は半熟卵に似ている。外側の殻はかたく、その下には半分かたまった部分があり、真ん中は熱くて、とろっとしている。

大陸地殻
海溝
しずみこみプレート
海洋地殻
岩石圏（リソスフェア）
岩流圏（アセノスフェア）

地球表面のプレートがぶつかりあうとき、片方がもう片方の上に乗り上げ、下になったプレートを地球の内側におしこむことがあり、これは「しずみこみ」とよばれている。古い岩は地下深くにしずみ、あまりの熱さのため、溶けて、新しい岩に生まれ変わり、また地殻へとおしだされる。この循環はひとまわりするのに何億年もかかる。

ただいま移動中 地震学者の故ブルース・ボールトは昔こんなことを言っていた。「3000万年後には、ロサンゼルスもサンフランシスコの郊外になっているだろう」。

地球をとりまく火山脈から、新しい岩がおしだされ、地殻にある古い岩は「しずみこみ帯」で地球の内側へと引きこまれていく。しずみこみ帯では、1枚のプレートが別のプレートを（またはプレートどうしがおたがいに）おしさげている。

では、プレートの下には何があるのだろう？ この地球内部最後の未開拓地の探検がはじまったのは、1936年のことだった。デンマークの地震学者、インゲ・レーマンは地震計のあたいから、地球の真ん中には同じ中心をもった2つの核があると考えた。1つは厚さ約2100キロメートルの液状の外核、もう1つは直径約1200キロメートルの固体の内核だ。どちらもおもに鉄とニッケルでできていて、この入れ子になった2つの球体（特に地球の自転にあわせて動く外核）が地球の磁場を発生させている。

レーマンが説明に使った地震計のあたいは、核は岩でできた厚さ約2900キロメートルの「マントル」層につつまれていて、マントルは地球の核の熱でやわらかくなっていることを示していた。地球の一番外側には地殻があって、厚みは約32〜80キロメートル。マントルは、この地殻のすぐ下からはじまっている。マントルは新しい火山岩のもとであり、海底が広がり、大陸が移動し、構造プレートがぶつかりあう原因でもある。また、古くなった岩もマントルにもどっていく。古い岩はマントルの奥深く、超高温の核のすぐ近くまですいこまれ、溶かされ、「リサイクル」され、新しい岩になってうきあがる。こうして何億年もかけて、また岩になると、地殻のすきまをとおり、火山によって外にふきとばされる。人類の住む地球はずいぶん大食いのようだ。

1960年代後半までには、ヴェーゲナーも見直された。とはいっても、月の上を歩き、太陽系の外まで宇宙探査機を送っていながら、自分たちの惑星は地表から数キロメートルまでしか探検したことのない人類にとっては、まだまだ大きな問題だ。ファインマンが言ったことばは、20年後のいまでもあてはまる。「この地球がリンゴだとしたら、わたしたちはまだ皮に穴をあけた程度だ」。

変化させつづけているためだ。プレートどうしがぶつかる境界線のまわりでは、特によく地震や火山の噴火がおこる。

構造プレートがぶつかりあうパターンは3つ、おたがいをおし上げ、ヒマラヤのように山脈ができるか、おしさげあう（こうして海溝ができた）か、こすれあって、そのまわりが不安定になるかだ。世界最大級の太平洋プレートと北アメリカプレートのあいだでおこっているのは、これだ。この地球のジグソーパズルの2枚のピースがであう線は、サン・アンドレアス断層で、カリフォルニア州に1000キロメートル以上ものわれ目をつくっている。この2枚のプレートは、はげしくおしあっているため、カリフォルニアの有名な地震学者、故ブルース・ボールトはかつて「3000万年後には、ロサンゼルスもサンフランシスコの郊外になっているだろう」と言っていた。

16

地殻のひびわれ

地球の表面がゆれ、ガタガタいってうねりはじめたら、人間に身を守る方法などほとんどない。

　しっかりした人のことをほめるとき、「あの人は地に足がついている」と言ったりするけれど、地面よりもしっかりしたものなどあるのだろうか？　地球科学者は口をそろえて、地面はけっしてがんじょうではないと言う。その証拠に、右の写真を見てほしい。これは1948年6月28日に福井県で、「ライフ」誌のベテラン写真家、カール・マイダンスが撮ったものだ。地震のため、ほんの数秒前まで平和にいつもどおりの生活を送っていた人々の足もとに地割れができている。

　さらに被害の大きかった、もっと最近の例も見てみよう。2005年10月8日、1947年以来、インドとパキスタンが領有権をあらそい、戦場となっていたカシミール地方に、また恐ろしい出来事がおこった。停戦ラインのインド側にいた54歳のムサディク・フセイン・マナスは、地下から何かがわれるような低い音が聞こえ、「また戦争がはじまったのか」と思ったという。国境のパキスタン側にいたバタグラム市長イハサヌラ・カーンは、谷を見わたし、「尾根に建った家が、つぎつぎに爆発している」のを見た。部族の長老モハメッドは、イハサヌラよりも低い場所、インダス川の岸辺にいて、川が「沸とうしたやかんのお湯のようになっていた」と言っている。

　思えば、インドとパキスタンの戦争がはじまったときだって、今回の地震ほどはげしくはなかっただろう。カシミールのヒマラヤ地域はマグニチュード7.6の地震におそわれたのだ。マナスはこうふりかえる。地面が「はね上がった」とき、「これは人間の仕わざではないって、はっきりわかったよ。わたしは地面にふせたのだけれど、その上に壁がたおれてきたんで、クルミの木まで走っていって、しがみついていたんだ。木はまるで時計のふり子のようにゆれていたよ。まわりじゅうで壁や家がくずれて、足もとには地割れができていた。それに山からくずれおちた岩が転がってきたんだ」。また、カーンは「てっきり、運命の日がやって来て、地面が口を開いて、自分を飲みこもうとしているのだと思ったよ」と言っている。

　わずか数時間で3万人もの人々の命をうばった地震は、ヒマラヤ山脈をつくったのと同じ力が引き金となっておこった。地下約10キロメートルでは、インドプレートが、ユーラシアプレートにぶつかりながら、1年に約5センチメートル北にむかって動いているが、この2枚のプレートは、おたがいなめらかにすれちがっているわけではない。2枚の巨大な紙ヤスリのように、ときどき引っかかってしまうのだ。しかも数百年引っかかったままのこともある。圧力はたまりつづけて、ついに何か（たいていは数キロメートル地下にある接合点）がパキッと折れ、地面はバネのついたゼリーのようにうねったり、ゆれたりしはじめるのだ。

パキスタン、2005年
10月8日の地震で家を失った女性が、生活用品をさがしている。

福井、日本、1948年
このマグニチュード7.3の地震は3700人以上の命をうばったが、14万3000人が亡くなったと言われる20世紀に日本でおきた最大の地震、1923年の関東大震災にくらべるとずっと少ない被害ですんだ。

この動きのために、構造プレートの収束帯の上にある南アジアなどの地域では、（予想はできないものの）定期的に地殻変動によるはげしい地震がおこる。2003年12月には、イランのバムでマグニチュード6.4の地震がおこり、2万6000人以上が亡くなった。2001年1月にインドのグジャラート州で発生したマグニチュード7.9の地震は1万3000人の命をうばっている。また、1990年にはイラン西北部で5万人が死亡。さらに1993年にはインドのラトゥールで1万人が亡くなった。

有史以前から、地震は人々をおどろかせ、建物をこわしていた。古代ミノア文明も、聖書にもでてくる町ソドムとゴモラも、地震でほろびたという学者もいる。また、トロイなど、東地中海の青銅器文明がすべて、とつぜん、それも同時にほろびるというなぞの終わりをとげたのも、紀元前1200年代に50年にわたり、くりかえし地震がおきたためだという歴史学者もいる。紀元前373年の大地震はコリント湾にあったギリシャの大都市ヘリケーをほろぼした。ヘリケーはこの地震による津波で海にしずんだため、この話からアトランティス大陸の伝説が生まれたと考える人もいるが、ほかにもたくさんの説がある。

古代の人々をおそった大地震がどれほど恐ろしかったにしても、その被害はいまとは比べものにならない。この一線をこえたのは、1556年に中国の北部中央にある陝西省で80万人以上の命をうばった陝西地震のときだった。これほどたくさんの人々が亡くなったのは、労働者の多くが黄土高原を見おろすやわらかいねんどのがけに、窰洞とよばれる横穴をほってつくった原始的な家に住んでいたからだ。何万軒もの窰洞がくずれ、この地域の6割の人々が生きうめになった。

いま思うと、この陝西地震は、残念ながら、未来の災害を正確に予言していたようだ。天罰と思われていた地震は、近代文明がはじまると同時に、より大きな被害をもたらすようになった。収束帯の近くにあるサンフランシスコや東京にも、雲をつくような高層ビルが建ちはじめ、爆発的に人口が増えたために、地震の被害もずっと大きく、より危険になり、大災害につながりやすくなったのだ。

地震は竜巻と似ている。どちらも気まぐれなものように、物理学用語で非線形力学とよばれる法則にしたがっておこる。

パキスタン、2005年 ニーラム川にかかる橋がかたむいている。

これは、いつどこでおこるか正確に予想できるようにはならないという意味だ。理論では、大地震の前には小さなゆれ（前震）がおこるとされていて、実際におこる。ただし初期の前震は小さすぎて、地震計がとらえる地震以外の「雑音」と見分けがつかない。たしかに前震のあとにはかならず大地震がくるが、前震以外のゆれのあとにはたいしたことはおこらない。世界全体では1日平均2500回の地震がおこっているが、ほとんどは小さすぎて、高感度の地震計でなければ、感知すらできないのだ。

そのため、たとえ予知できたとしても、正確ではない。たとえばカリフォルニアでは、地震学者たちが、何年も前からサン・アンドレアス断層一帯で地震がおこる可能性が高いと予測していた。ところが皮肉なことに、過去17年間にカリフォル

地震の基礎知識

右の図のように「横ずれ」をおこした断層はおしあって、新しい位置にはまりこむ。このとき外にむかってエネルギーの波を送りだす。地球の中を伝わる波は「実体波」、地上にとどいた波は「表面波」という。実体波には2種類あって、1つは第1波（P波）、もう1つは第2波（S波）とよばれている。

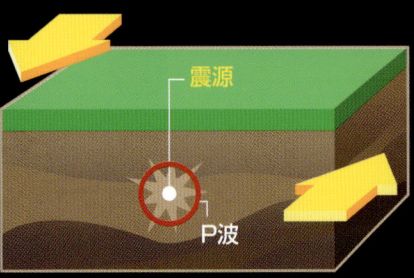

「**P波**」は早く伝わり、1秒に約1.6～8キロメートル進むため、地表に最初にとどく。地下の岩がこわれた場所を「震源」、その真上の地表部分を「震央」とよぶ。

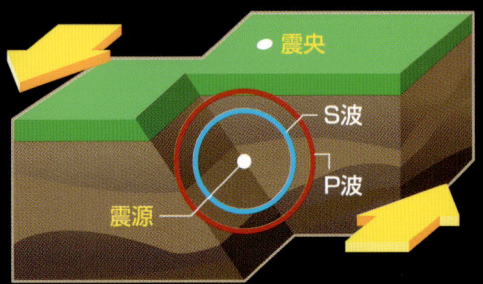

「**S波**」はP波よりゆっくり伝わり、進む方向に対して横にゆれる。表面波はL波とよばれることもあり、地上に被害をもたらす。

神戸、日本、1995年 1月17日におきたマグニチュード7.3の地震は6433人の命をうばい、高架鉄道をリボンのようにねじまげてしまった

ニアをおそった6つの地震のうち5つ（1989年のロマプリータ地震、1992年のランダーズ地震、1994年のノースリッジ地震、1999年のヘクターマイン地震、2003年のサンシメオン地震）がおこったのはサン・アンドレアス断層ではなかった。しかも、200億ドルもの被害をだしたマグニチュード6.7のノースリッジ地震の引き金となったのは、地下約15キロメートルにある断層で、ゆれはじめるまで、そこに断層があることすら知られていなかった。

悲しいことだが、地震学者が一番自信をなくすのは、まさにノースリッジ地震のような地震があったときだ。ほとんどの地震は大きな構造プレートがであう場所でおこるが、ノースリッジ地震のように、収束帯のふちからはなれたところでおこる原因不明の地震もある。こうしたプレート内地震が1811年〜1812年にかけての冬、ミズーリ州南部にある静かな町ニューマドリッドの地下で、たてつづけに3回発生した。最高でマグニチュード8.1に達していたらしく、記録の残っているかぎり、1906年のサンフランシスコ大地震をもしのぐ、北米最大の地震だった。

目撃者の話によれば、地面が海のように波うっていたらしい。ミシシッピ川も一時的に逆流し、滝や急流が少しはんらんしたところもあった。衝撃波は何百キロメートルも伝わり、東海岸にあるサウスカロライナ州のチャールストン港では船が難破、オハイオ州シンシナティでは石づくりの家にひびがはいり、はるかかなたのニューヨーク市やボストンでも教会のかねがなったり、建物がゆれたりした。

> **ニューマドリッド**
> ミシシッピ川も一時的に逆流し、滝や急流が少しはんらんしたところもあった。

ニューマドリッド地震では520万平方キロメートル以上もの地域の人々がゆれを感じた（サンフランシスコ大地震の影響があったのは16万平方キロメートルたらず）が、200年前、この地域はあまり人が住んでいなかったため被害は少なかった。現在では1500万人以上住んでいるため、もし1811〜12年のような地震がおこれば、テネシー州メンフィスからミズーリ州セントルイスにかけての一帯で数十万人が亡くなるだろう。このため科学者たちは、ニューマドリッド周辺を世界でも特に危険な地震地帯とみなしている。また、心配なことに、2005年夏、メンフィス大学の科学者たちは、過去5年間、ニューマドリッド周辺の地震活動が増えつづけていると発表した。メンフィス大学の地震研究情報センター（CERI）はこの地域で15年以内にマグニチュード6以上の地震がおこる確率は63パーセント、50年以内なら90パーセントと予測。CERIの地震学者ユージン・シュバイグは「ついに大地震が来るのです」と注意を求めている。

地球の裏側、カシミール地方では、もうそのときがきた。カシミールの山地で地震がおこって以来、救助隊は何カ月も必死で働いている。世界でも特に交通が不便な場所で、家をなくした何百万もの人々に、住む場所や食料を提供し、彼らが暖かく安全に過ごせるようにするためだ。2005年の地震のあと、パキスタン軍の広報担当者ショーカット・スルタン少将は「1世代が全滅してしまいました」となげいていた。地震予知の科学はまだ十分発達していないため、人類は何世代も、とてもがんじょうとはいえない大地を恐れて生きていかなければならないだろう。

地面を引きさく大地震

サンフランシスコ、1906年

1906年のサンフランシスコ地震は、マグニチュード7.9に達したといわれ、いまでも地元で「大地震」といえば、この地震をさす。サン・アンドレアス断層にそって約420キロメートルの地域に被害がおよんだ。6メートルもあるさけ目の中で、断層の両側のプレートがすれちがうようにとつぜん動いたのだ。アメリカ史上最悪のこの地震は、2万9000軒の家をこわし、その後おこった火事によって、さらに大きな被害をおよぼした。1週間以上水道が使えなかったため、消防隊も手がだせなかったのだ。ところが、22万5000人以上が家を失ったにもかかわらず、1世紀以上にわたり、死亡者数は478人と言われてきた。おどろくほど少ない数だ。しかし2005年、サンフランシスコ市は、ずっと歴史家たちが疑ってきた事実を認めた。死亡者数は、被害を小さく見せようとした市の支援者たちがつくり上げたものだったのだ。より正確には約3000人が亡くなったらしい。

ペルー、1970年

わずか45秒の出来事だったが、それで十分だった。5月最後の日におこったこの地震は、ペルー史上最悪の自然災害となった。震源の真上の地点は、太平洋で、ペルーの海岸から16キロメートル以上はなれていたにもかかわらず、マグニチュード7.9のこの地震によって、ワスカラン山の北側斜面がくずれ、約6000万立方メートルもの岩や泥や雪がまざったなだれがおきた。くずれおちた土砂が、幅900メートル、長さ1.6キロメートルをこえる壁となり、時速160キロメートル以上でランラヒルカとユンガイの町を通ってつきすすみ、2つの町はすっかりうまってしまった。ユンガイでは右の写真のキリスト像が立つ丘にのぼって助かった村人もいたが、この大惨事で7万人以上が亡くなり、60万人以上が家を失った。

メキシコ、1985年

下の写真は9月19日、マグニチュード7.8の地震がメキシコシティーをおそったときのようすだ。この地震は地震空白域とよばれる、何年も大地震がなかった収束帯でおこった。地殻にたまった力が限界に達したのだ。震央はアカプルコ沖、約240キロメートルの海底だったが、イクスタパなどの海岸ぞいの町よりも、数百キロメートル内陸のメキシコシティーのほうが、はるかに被害が大きかった。その理由は、海岸線はかたい岩でできているため、それほどはげしくゆれなかったけれど、メキシコの首都メキシコシティーは湖の底につもった土の上につくられていて、たい積物の地盤の中で、地震波がさらに大きくなったからだ。また、大都会メキシコシティーには、ちょうどこのときの地震波と共振する高さの高層ビルがあり、被害が何倍にも増え、9000人が亡くなった。

カリフォルニア、1994年

ロサンゼルス郊外のノースリッジをおそった30秒の地震で、周辺の山々が30センチもちあがり、9つの高速道路がねじまがり、約60人が亡くなった。高層ビルはぺちゃんこになり、約310万人がくらやみに取り残され、石油を送る大きな管1本とガス管250本が破裂した。1000回以上おこった余震の中にはとても大きなものもあり、本震後、ずいぶんあとまでゆれることがあった。もっとも、カリフォルニアはとても危険な収束帯の上にあるため、この地震も地元の人々が恐れる「大地震」の大きさにはほどとおかった。

パキスタン、2005年

右の写真は、10月8日にカシミール地方をおそったマグニチュード7.6の地震のあと、イスラマバードにあった10階建てのビルのがれきのなかで、人々が生存者をさがしているところだ。冬がはじまるまでに8万7000人が亡くなり、約300万人が家をなくしていたが、この数はもっと増えると見られた。この地域は交通が不便で、民族どうしがあらそい、地元の政府は腐敗していて、ほかの国々からも熱心な支援がえられなかったため、救助はなおさらむずかしかった。国連の緊急援助調整官ヤン・イゲランドはこう語った。「(2004年の)津波は最悪だと思いましたが、この地震はもっとたいへんです」。

地震研究

断層の警告を知るために

地震を予知するため、サン・アンドレアス断層の調査に期待をかける科学者たち。

「過去1世紀のあいだ地震科学者がやっていたことといえば、タイタニック号に何がおこったのか、実際に海にもぐって船の残がいを見ずに、確認しようとしていたようなものです」と米国地質調査所（USGS）のウィリアム・エルスワースは言う。エルスワースは、サン・アンドレアス断層まで直接穴をあけるという新しい計画に参加している。「音波探知機を使えば、タイタニック号の場所はわかりますし、しずんだ理由についてもいろいろ説明できますが、それが正しいかまちがっているかは、実際に見なければわかりません」。

直接、地震がおこる応力点に探査装置（プローブ）を入れることを目的とした、サン・アンドレアス断層掘削計画（SAFOD）のおかげで、これまで見られなかった地震の裏にあるしくみを、科学者がじかに見られるようになると期待されている。「ほとんどの地震は、飛行機が飛んでいるのと同じ、地上から数キロメートルのところでおこっているのです」とエルスワースは言う。「それでも、1906年のサンフランシスコ地震のころに地震の科学的研究がはじまって以来、わたしたちは地上からしか観測してきませんでした」。

2004年6月、USGSとアメリカの国立科学財団、スタンフォード大学の共同チームは、油田をさがす最先端の機械を使って、1世紀前にサンフランシスコをゆるがした断層にむかって穴をあけはじめ、2005年8月には地下3.2キロメートル弱の目標地点に達した。

「この位置をえらんだのは、ここでくりかえし地震がおこっていることがわかっているからです。ふだんはわりと浅いところでおだやかな地震がおこります」。「ふだんは」といっても、いつもとはかぎらない。SAFODの掘削装置の近くにあるパークフィールドの集落では、2004年9月にマグニチュード6.0の地震がおきたのだ。それにここは、過去300年間にカリフォルニアをおそった最大の地震と見られる、1857年のフォートテフォン地震（マグニチュード8.0）の震央だという科学者もいる。

プローブが一番深いところにとどくと、研究チームは約20センチメートルに広げておいた穴の内側をスチールとコンクリートでおおい、装置をつめこみはじめた。プローブの先にはSAFOD特製の地下用小型望遠鏡が取りつけられた。天文学者がハッブル望遠鏡で宇宙のかなたを見られるように、地震学者はこの望遠鏡で地下深くを見られるようになる。望遠鏡は、まるで小型地震製造機のような、地球物理学上の危険地帯にむけられている。アメ

サン・アンドレアス断層
科学者たちはロサンゼルスとサンフランシスコの中間くらいにあるカリフォルニア州パークフィールドの近く、収束帯のもっとも不安定なところへ深い穴をあけた。

フトのグラウンドほどの広さのこの一帯では、おどろくほど定期的に微小地震（マグニチュード2）がおきているのだ。半径3.2キロメートル以内には、ほかにもいくつか、このような微小地震がよくおこる場所がある。エルスワースの予想によれば、これからSAFODは、マグニチュード0.01を少しこえる程度のものもふくめて、ごく小さな何千もの地震をくわしく記録できるようになるという。SAFODの科学者たちは、こうした情報をよく調べることで、それぞれの地震がどれだけにているかたしかめようとしている。最終目標は、例外はあるにしても、地震は予知できるのか確認することだ。

2006年夏、SAFODの技術者たちは、また穴をほりはじめ、今度は横にむかって、太平洋プレートと北アメリカプレートのさかいにできた断層のあちこちに格子状に新しい穴をあける。そして、2007年、SAFODの研究チームはサンプル集めを開始。熱によってくずれ、プレートがこすれあい、けずられて砂になった岩石を地上に持ち帰るのだ。さらに、断層で見つけた液体や気体も集める予定だ。

集めた資料は、何十年間も地球科学者を悩ませていたなぞをとく役に立つかもしれない。エルスワースはこう説明してくれた。「ぶつかり合いながら動いているプレートの大きさや質量は、かなり正確につかめています。それに、プレートがどれだけの力をだしているのかも、だいたいわかっています。この情報があれば、物理の法則を使って、プレートどうしのまさつで、どれだけ熱くなるかも予想できます」。問題は、科学者たちはこの熱を50年以上さがしているのに、まだ見つかっていないことだ。「断層にある液体や気体が、まさつをやわらげる潤滑油の役割をしていると考えると、熱が見あたらないのもうなずけます」とエルスワースは言う。もっとも、この説は答えよりも多くの疑問をなげかけている。「見つかっているのは、おもに水素とラドンなのですが、こういった気体がどこからでてくるのか、だれにもわからないのです」。

それにまだおどろくほど基本的な疑問も残っている。エルスワースはこう言っている。「この深さで、サン・アンドレアス断層がどのくらい広がっているのか、だれにもはっきりわからないのです。2〜3センチにも満たないという説もあれば、3メートル以上あると言う人もいます。ですが、この疑問は来年くらいには解決するでしょう」。

また、サンアンドレアス断層掘削計画（SAFOD）のプローブは、新しい説を生みだすのと同じくらい多くの説がまちがっていたことを確認した。「何十年も、サン・アンドレアス断層の力の一部は、とても高い圧力のもとにたくわえられた液体から生じていると考えられていましたが、この説は、いまのところ、少なくともパークフィールド周辺にはあてはまらないようです」とエルスワースは言っている。

「科学の第1の原則は、現場まで行って、できるだけ正確な情報をえることです」とエルスワースは言う。「そういう意味で、地震の研究は根本から変わろうとしています。直接観察する時代がはじまろうとしているのです」。地震学者たちは、1つの難関を突破しようとしているのだ。

熱水噴出口

スモーク・イン・ザ・ウォーター（水中のけむり）

海底の間欠泉が、生物の常識をくつがえす。

　海洋学の第一人者ジャック・クストーは、深海の魅力を伝えるのに大いに貢献したが、海の中は地球最後の未開拓地のままだ。科学者も一般の人々も、昔、火星に水があったという話なら、かすかな手がかりでも夢中になるのに、地球の海中探検にはおよび腰だ。1977年まで、海底の熱水噴出口を発見できなかったのがいい例だろう。熱水噴出口は地殻のさけ目で、それまで見たこともなければ、想像もしなかったような生きものの命を支えている。真っ暗やみの深海に住む、まったく日光にたよらずエネルギーをえている動物もはじめて発見された。

　地上の間欠泉と同じように、熱水噴出口は、ひびわれから海水が地殻にしみこみ、たまっているマグマで約180〜400度に温められ、海洋地殻をとおってふきだす（地上で水がこんなに熱くなったら沸とうするが、噴出口は深海にあり、海水の圧力で沸点が高くなっているのだ）。最初に熱水噴出口を見つけたのは、潜水艇「アルビン」に乗っていた科学者たちだった。場所はガラパゴス諸島の近くで、海面からの深さは約3キロメートル。そのほかにも、1977年以降、たくさんの噴出口が見つかっている。

　噴出口から流れだす熱水は、たくさんのミネラルをふくんでいる。この熱水が冷たい水とまざると、ミネラルは沈殿し、水と分かれて結晶になり、しばしば噴出口のまわりに煙突のようなものができる。この煙突もどきは1年半で1メートル近くのびることもあり、これらをつくりあげた力の大きさがよくわかる。もっともたくさんミネラルをふくんだ水をふきだしている噴出口は真っ黒に見えるので「ブラックスモーカー」、そのほかは「ホワイトスモーカー」とよばれている。

　テクトニックの研究から、海底にも間欠泉があることは予想されていたため、間欠泉が見つかって、地球科学者たちはワクワクしたが、生物学者たちは教科書を書き直さなければならなくなった。まもなく海底の熱水噴出口のそばに住むジャイアントチューブワームやクモガニといった、ほかでは見られない生きものが見つかったのだ。長いあいだ、動植物にとって植物がおこなう光合成は生きていく上で欠かせないと信じられてきた。ところが、これらの生きものは、海や陸に住むほかのどの生きものともちがって、太陽のエネルギーにたよらずに生きていたのだ。

　これほど住みにくそうな環境で、彼らはどうやって生きているのだろう？　こんなことがわかった。体の中にたくさんの細菌が住んでいて、その細菌が噴出口からでてくる硫化鉱を酸素に変える、つまり光合成のかわりに化学合成をしていたのだ。これらの細菌は宿主の栄養になっている。これを知った生命科学者たちは、地球でもっともくらい場所に光がさしているように感じた。

高い水圧の中に暮らす優雅な生きものたち　上の写真は、日光のとどかない深さ3キロメートル以上の海底の熱水噴出口近くにたくさん住みついたチューブワームだ。左の写真では、構造プレート収束帯、大西洋中央海嶺の底にあるブラックスモーカーから、ミネラルをたくさんふくんだ熱水がもうもうとふきあがっている。

火山

原始の力
地球の奥深くから溶岩をふきだす火山は、大昔から人々をとりこにし、恐れられてもいた。この写真はハワイのキラウエア火山と海がぶつかるところだ。右の写真では、イタリア、シチリア島にそびえたつエトナ火山が何百万もの人々をおびやかしている。

炎の門

マグマの世界への入り口、火山は、地球の中から新しい大地を生みだすが、時にはぎせいをともなうこともある。危険な噴火を生きのびた2人の科学者が、その恐ろしい体験をふりかえる。

　探検はいつもと変わらないように思われた。しかし、参加者たちは心得ておくべきだった、つねにぐつぐつ煮えたぎっている予想不能な火山の世界に、「いつも変わらない」ことなどほとんどないということを。コロンビア国内のアンデス山脈にある高さ約4200メートルのガレラス火山は、1993年1月までの6カ月間、何度か小さな噴火をしたけれど、それまでは、1988年の大噴火をのぞいて、40年以上もほとんど休火山のように静かだった。

火山

そのため、近くで開かれた火山の噴火予知についての国連会議に参加した13人の科学者の一行がデータを集めに火口におりたとき、だれも危険とは思わなかった。休暇と研究をかねたようなこの探検は、友情を深めるよい機会になるはずだった。途中から旅行者の一団もくわわり、さらに楽しい雰囲気になった。

この探検のリーダーはアリゾナ大学の地質学者スタンリー・ウィリアムズで、フロリダ国際大学の地球科学者アンドリュー・マクファーレンや地球上でも特に興味深い地形がたくさん見られるカムチャツカ半島にあるペトロパブロフスク地震研究所の専門家で、ロシア人のイゴール・メニャイロフも参加していた。エルビス・プレスリーのレコードを聞いて英語を覚えたというメニャイロフとウィリアムズは、1982年にニカラグアの火山で知り合ってからずっと友達だった。「イゴールは新しい道具を使えてよろこんでいました」とウィリアムズはふりかえる。それはガレラス火山の火道とよばれるマグマの通り道からでるガスを集める道具だった。

火口で4時間ほどすごし、午後1時すぎには多くのデータが集まったので、科学者たちは山をおりる前にひと休みしていた。ウィリアムズは「仕事のことや今回のデータについて話しました。イゴールは南アメリカがはじめてだったので、うきうきしていたようです。立ったまま一服すると、こちらにのぼってきました」と言う。

そのときとつぜん頭の上のふちから岩が1つくずれ、火口に転がり落ちた。また1つ、さらにもう1つ。「たしか1分くらいのあいだに3回岩が落ちる音がしました」とマクファーレンは言う。「2つ目のあと、スタンリーに『いまの岩くずれの音、聞こえた？』と聞き

ほろびの山 1993年、ガレラス火山をおりる前に撮った火山学者たちのスナップ写真。後列左からアルフレード・マンツォ、ネストール・ガルシア、ファビオ・ガルシア、イゴール・メニャイロフ。前列、スタンリー・ウィリアムズ、ホセ・アルレス・サパタ。アンドリュー・マクファーレンは写っていない。下の写真は2005年に撮影したけむりをはくガレラス火山。

ました。そのすぐあとに噴火したのです。ドッカーンってね」。

ウィリアムズは「『みんな逃げろ』とさけびました」と言う。そのわずか数秒後、足もとからもえるように熱いガスがふきだし、たくさんの岩が弾丸よりも速く空にむかって飛びだした。「とつぜん、テレビや野球ボールくらいの岩が、時速何百キロメートルもの速さで空中を飛びはじめました。しかも火がついていたんです」。メニャイロフもコロンビアの科学者ネストール・ガルシアも体に火がつき、あっという間に灰になり、所持品も蒸発。地元の大学教授カルロス・トルヒョは落ちてきた岩の破片で体を切断されてしまった。

マクファーレンは言う「何か見えるかと思って見上げるとまわりで3～4回、重いものがぶつかる音がしました。最初は見えなかったのですが、大きなかたまりがふってきたのです。岩は地面にあたってわれたのですが、中は赤くかがやいていました。そこで、『これはムリだ。逃げるしかない』と思いました。視界のはしで、いくつか大きな岩が旅行者にあたるのが見えました。その瞬間、彼がまるで地面につきささるフェンスの柱のように見えたのを覚えています」。

ウィリアムズは『『妻や子どもを残して死ぬわけにはいかない』と自分に言い聞かせ、むきを変えて全速力で走りました。それほど遠くまでではありません。ふちからせいぜい20メートルくらいでしょう」と言う。そこで飛んできた岩にあたり、左足を骨折。右足も切断されそうになり、いまでも肉から骨がつきだしている。その上、背骨とあごの骨も骨折。動けずたおれていると、大きな石が頭のてっぺんを直撃し、頭がい骨の破片が脳の奥までつきささった。ウィリアムズは「そのころには体に火がついていました。岩は真っ赤に燃えていたのです」と言う。

マクファーレンは言う。「何度も転んでは立ちあがって逃げました。そして、スタンリーのそばで転んだのです。『唯一スタンリーのためにできることは、連れて逃げることだ』と思いましたが、そのような体力は残っておらず、『いっしょに逃げようとすれば、2人とも助からない』と思ったのです。残していくほかありませんでした。わたしはひたすら走りました。あのときはとてもつらかったです。彼を見殺しにしてしまうかもしれないと思ったからです」。

結局、その朝、ガレラス山火口までのぼった科学者6人と旅行者3人が亡くなった。マクファーレンもウィリアムズも生き残ったが、ウィリアムズは「かろうじて」と言ったほうがいいだろう。「命だけは助かりました」と全身にやけどを負ったウィリアムズは言う。数時間後、ついに救助隊がマクファーレンとウィリアムズとほかの2人の生存者を見つけだしたときには、リュックと高度測定器、サングラスが、溶けてウィリアムズの体にはりついていた。

皮肉なことに、ふもとのパストの町についた生存者たちは、今回の噴火は比較的おとなしいほうだと聞かされた。ガレラス火山はちょっと肩をすぼめただけだったのだ。

休むことなく、予想不能で、ときどきは

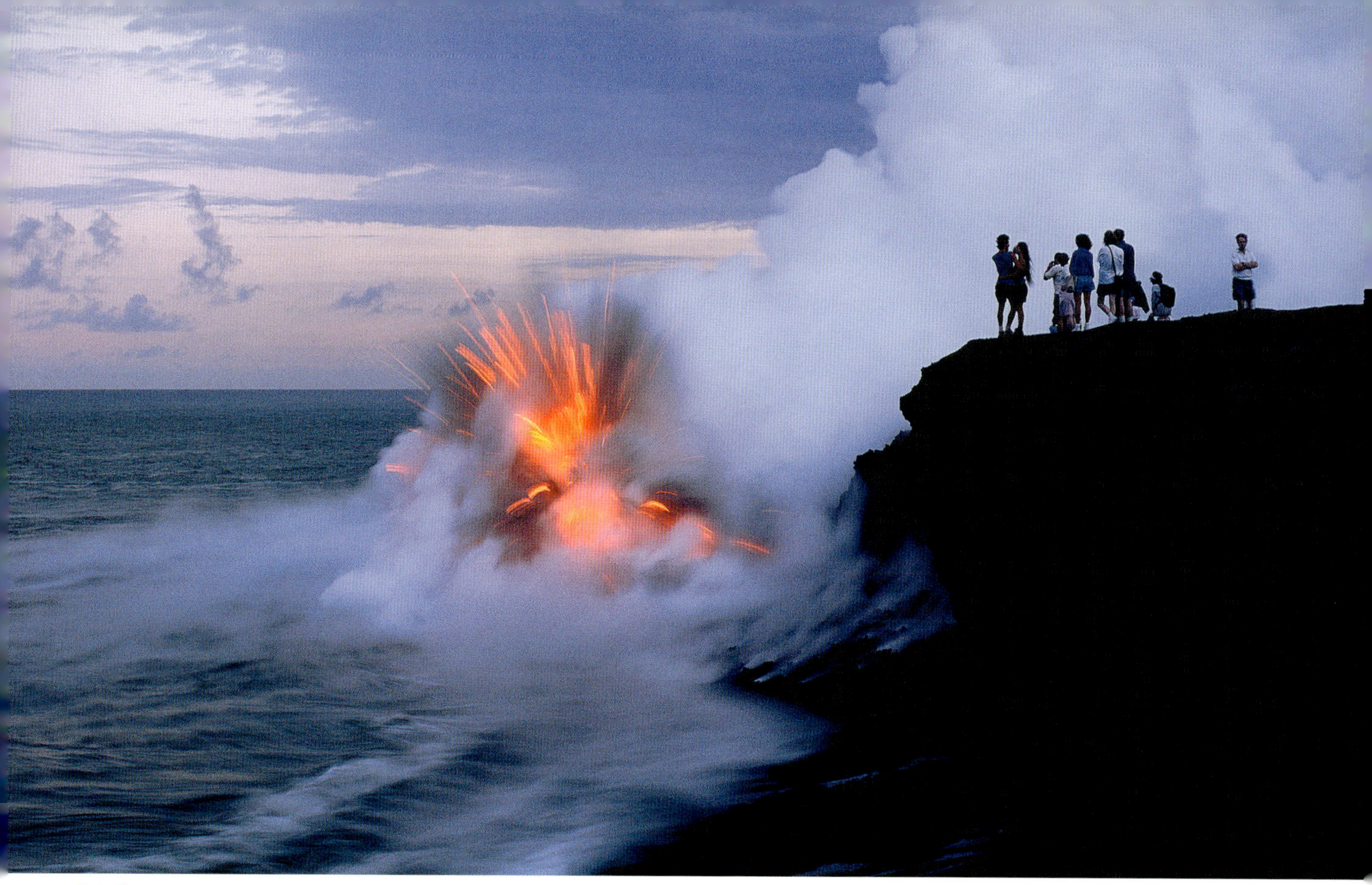

火と水　ハワイのキラウエア火山はとても活動的だが、わりとおとなしく、観光客に溶岩と水がぶつかるみごとな光景を見せてくれる。

げしく変化する火山活動は、わたしたちの住む地球が生きている何よりの（有無を言わさぬ）証拠だ。海底もふくめた地球上のあらゆるところで、つねに地殻がこじ開けられ、新しい平野や高原や山となる生の材料がふきだし、また地殻にもぐりこんでいくか、見えないところでゴロゴロと音をたてる。これは噴火のまえぶれの場合もあれば、何の意味もない場合もある。火山が自然の力の象徴でありつづけるのも、不思議ではない。伝説や物語の中では、よく火の山が噴火する。ローマ神話の神、バルカン（Vulcan）は火山（volcano）の語源となった。また、スカンディナビアの英雄物語や、これと同じ起源をもつドイツの『ニーベルンゲンの歌』、この物語をもとにしたリヒャルト・ワーグナーのオペラ『ニーベルングの指輪』では火山が重要な役割をつとめ、ずっと新しいJ.R.R.トルーキンの『指輪物語』三部作にも「ほろびの山」として火山が登場する。また、『スター・ウォーズ』シリーズをしめくくるあっと言わせるような結末を考えていたジョージ・ルーカスは、『スター・ウォーズ3　シスの復讐』のクライマックスとなる戦闘シーンの舞台に火山の惑星ムスタファーをえらんだ。

地上にある火山の数は1500以上。海底はそれより何百も多い。さらに休火山、つまり地球の奥深くで待機している火山は、いくつあるのかすらわからない。平均週に1回、地球のどこかで火山が噴火している。ほとんどの場合、溶岩が斜面をゆっくり流れるだけだが、世界中の核兵器の何倍もの力で爆発する火山もある。

ウィリアムズ、マクファーレンとその仲間たちがガレラス火山にのぼったのは、噴火の時期と規模を予測するためだった。ちょうどその10年前には、コロンビアのネバド・デル・ルイス火山が噴火すると言われ、地元の人々は避難したが、予想がはずれて、何もおこらなかったことがあった。しかし、逆にこの「オオカミが来た」と

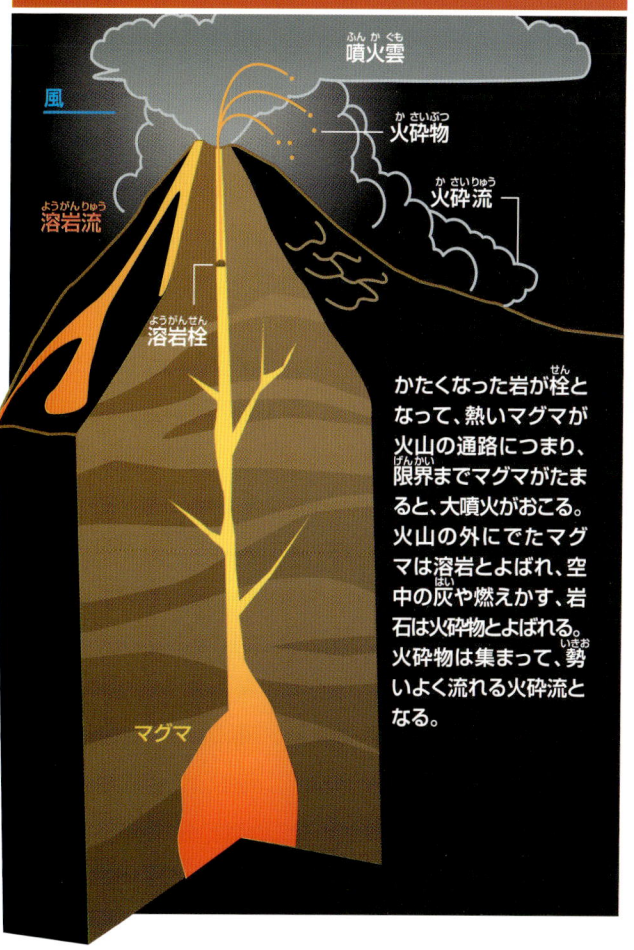

火山の基礎知識

噴火雲
風
火砕物
火砕流
溶岩流
溶岩栓
マグマ
かたくなった岩が栓となって、熱いマグマが火山の通路につまり、限界までマグマがたまると、大噴火がおこる。火山の外にでたマグマは溶岩とよばれ、空中の灰や燃えかす、岩石は火砕物とよばれる。火砕物は集まって、勢いよく流れる火砕流となる。

ROGER RESSMEYER—CORBIS

火山

環太平洋火山帯

巨大な構造プレートがぶつかりあう線をつないでいくと、太平洋をとりまく火山の輪ができる。

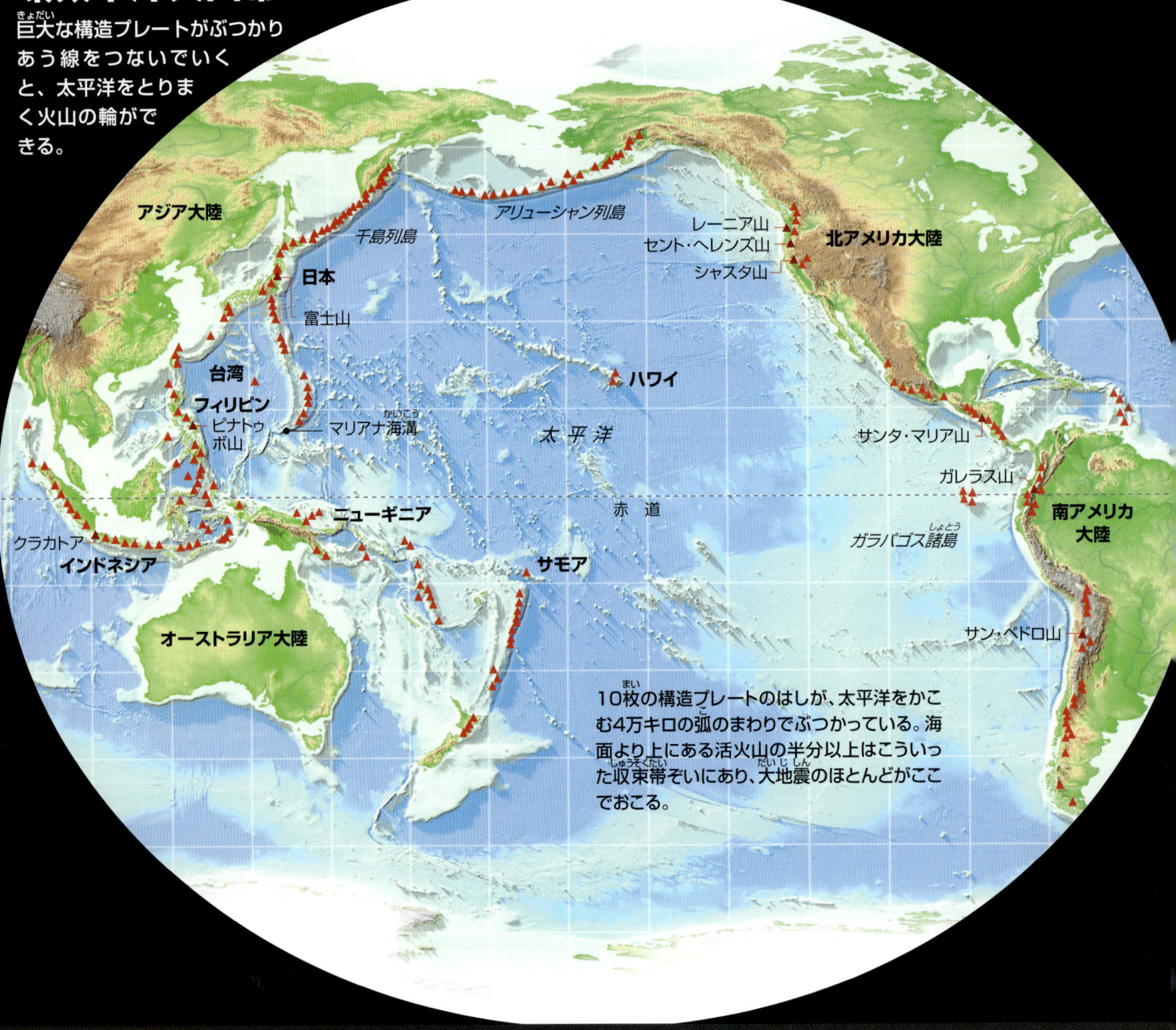

アジア大陸 / 千島列島 / アリューシャン列島 / レーニア山 / セント・ヘレンズ山 / 北アメリカ大陸 / シャスタ山 / 日本 / 富士山 / 台湾 / フィリピン / ピナトゥボ山 / マリアナ海溝 / ハワイ / 太平洋 / サンタ・マリア山 / ガレラス山 / ガラパゴス諸島 / 南アメリカ大陸 / 赤道 / ニューギニア / クラカトア / インドネシア / サモア / オーストラリア大陸 / サン・ペドロ山

10枚の構造プレートのはしが、太平洋をかこむ4万キロの弧のまわりでぶつかっている。海面より上にある活火山の半分以上はこういった収束帯ぞいにあり、大地震のほとんどがここでおこる。

大噴火

火山の噴火はおどろくほどよくおこっている。観光客にも近づきやすいハワイの火山のように、活火山の中には毎日のように溶岩がブクブク煮えたぎり、ふきだしているところもあるのだ。しかし、大噴火は人々の記憶に焼きついている。

ポンペイ 西暦79年、イタリアのベスビオ火山が噴火し、ポンペイとヘルクラネウムの街がうまり、市民の一部も灰にうまってしまった。保存された街の遺跡から、ローマ帝国がもっともさかえた時代の人々の生活をかいま見ることができる。一方、ベスビオ火山はいまでも世界でもっとも恐ろしい活火山の1つだ。

いうさけびを無視して、悲劇がおきたこともある。正確に噴火が予想されたにもかかわらず、地元の役人がこの警告を無視したため、わずか数時間で2万6000人が亡くなったのだ。

ウィリアムズとマクファーレンが身をもって証明したように、何世紀もかけ火山学者がえたわずかな知識は、恐ろしい経験を代償としていた。西暦79年、ベスビオ火山の噴火を観察中に命を落としたローマの科学者ガイウス・プリニウス・セクンドゥスにはじまり、火山学は世界でも特に危険な学問分野とされてきた。平均すると1年に少なくとも1人の火山学者が火山で亡くなっている。

それでも古代から人は火山に引きつけられてきた。火山のまわりの土はミネラルが多く、火山泥や溶岩流がかわくと平らな土地ができるため、住みやすいのだ。ウィリアムズによれば、現在5億人（地球の全人口の13人に1人）が危険なくらい活火山の近くで暮らしている。いまもっとも恐れられている2つの火山は、活火山であるだけでなく、人口密集地帯のそばにある。1つは1100万人以上が住むナポリなどの街に隣接したイタリアのベスビオ火山。もう1つはアフリカのニーラゴンゴ火山で、コンゴ共和国の街ゴマをにらみつけるように立っている。しかし、この2つだけではなく、たとえばメキシコシティーは何年も前からうなり声をあげているポポカテペトル火山のかげにあり、いつか2000万人が住むこの街に灰や岩がふりそそぐかもしれない。もっとも、安全で無視できる火山はほとんどない。世界中のすでに知られている活火山の3分の1以上が、過去400年以内に噴火しているのだ。これは、まだ危険だという証拠だろう。

地震同様、ほとんどの火山は、構造プレートどうしがこすれあってできるため、「環太平洋火山帯」など、地震がひんぱんにおこる場所に多く見られる。火山が一番多いのは、巨大な地殻が地球の内側にもぐりこむところで、地球の中は非常に熱いので、もぐりこんだ地殻は溶かされる。溶けた岩やマグマは、まわりの物質よりも軽いため、うきあがり、表面にもどっていく。そして、だれにも知られることなく何世紀もそこにとどまるのだ。しかし、たまった圧力が限界をこえると、溶けた岩は地球表面の弱い部分を見つけ、そこをつきやぶって上昇し、ついに火山となって爆発する。とはいえ、すべての火山が地球の断層線ぞいにあるわけではなく、ハワイ諸島のように地球表面近くにある、いつもマグマがたまる場所「ホットスポット」の上にできる火山もある。

噴火予知はまだまだ未熟だが、最近大きく進歩した。ほとんどの噴火の前には小さな地震がおこるため、たくさんの科学者が、これに注目している。火山学者たちは、地震計や音波センサー、GPS衛星ナビゲーション信号を使って、ほぼ毎回大噴火の前におこる独特なゆれの特徴を見分ける方法を学んだ。この信号には2つの種類がある。Aタイプはピシャッとするどい信号ではじまり、すぐに消える。Bタイプはゆっくり高まり、だんだん小さくなる。科学者たちによれば、Aタイプは溶けた岩が上にむかう圧力でかたい岩がわれるとき、Bタイプは岩がわれてできたすきまに溶けた岩がゆっくりはいりこむときにでるらしい。ちょうど出産前におこる陣痛のように、AタイプとBタイプの信号が交互にだんだん速くくりかえすようになる。この信号は、2000年にメキシコのポポカテペトル火山でおきた噴火を予知するのに使われた。1993年以来、ポポカテペトル火山からでる信号を読んでいた科学者たちは、12月18日の噴火を2日前に正確に予知できたのだ。

早い警告のおかげで、メキシコ軍は、余裕をもってもっとも危険な地域から3万人以上の人々を避難させることができた。同じくらい重要だったのは、科学者たちが、噴火の大きさについても、おだやかな噴火になると正確に予測できたことだ。おかげで、むだに避難命令がだされることはなく、ネバド・デル・ルイス火山でおきたような、誤報による悲劇をさけることができた。火山の力は、とても人間の手には負えない。これはつらい経験からアンドリュー・マクファーレンが学んだ教訓だ。マクファーレンは、スリルを味わいたいからといって、しろうと火山学者が休火山にはいるべきではないと言っている。

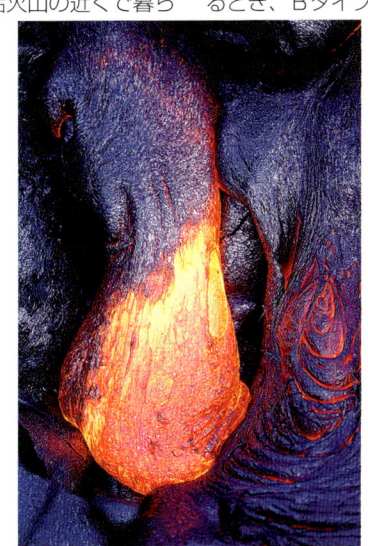

にえたぎる岩 溶岩は700度から1000度以上にもなる。

クラカトア 1883年8月27日、インドネシアのスンダ海峡にあるこの火山が噴火。近代以降最大の噴火だった。この勢いで、島々の形が変わり、地域一帯を大きな津波がおそった。また、あまりにもたくさんの火山灰をふきだしたため、太陽はかげり、1年以上、世界中の気温がさがってしまった。

ピナトゥボ 1991年、フィリピンのピナトゥボ火山が噴火（右）。300人以上が亡くなり、それより何百人も多くの人々がけがをし、数百万人がこの土地を去った。

火山研究

歴史に残る噴火

超巨大火山が、ふたたびイエローストーンをゆり動かす。

「いまでもカリフォルニアやグレートプレーンズで地面をほれば、いたるところで6メートル以上ある、灰のたい積層が見つかります」とボブ・クリスティアンセンは言う。いまイエローストーン国立公園がある場所で、64万年前に噴火した火山の灰だ。「アメリカ合衆国西部全体が、熱い灰でおおわれたのです」。こう語るクリスティアンセンは、米国地質調査所の名誉科学者だ。「ミシシッピ川の東側まで、大きな被害を受けました」。クリスティアンセンはミシシッピ川の東、ルイジアナ州とミシシッピ州にも、西側より薄いものの、岩や灰でできた層があることを発見。「ちなみに1980年にセント・ヘレンズ火山が噴火したときには、1立方キロメートル分の岩や灰を空中にふきだしたのですが、イエローストーンの超巨大火山（とてつもなく大きな噴火をおこす火山）は岩のかけらや噴出物を2000立方キロメートル分も大気中にぶちまけました」と説明している。「つまり人類の歴史に残っているどんな噴火よりも、数千倍大きかったのです」。

専門的にいうと超巨大火山とは、火山爆発指数8以上、つまり1000立方キロメートル以上の溶岩と灰を火口の外にふきだす火山のことだ。イエローストーンの噴火で、地面に幅56キロメートルの穴があいた。イエローストーン・カルデラとよばれるこのくぼみは、あまりにも大きかったため、1960年代に衛星写真で見つけるまで、だれも火山だとは気づかなかった。クリスティアンセンによると、「ふつう超巨大火山は、ほかの火山とちがい山形をしていない」のだそうだ。「地球の奥深くからのぼってきた大量の溶岩が垂直にたまり、それがもちあがって超巨大火山になるので、広々とした台地のように見えます。それが爆発するまではね」。

そして、イエローストーンで2回おこったように（1回目は200万年前）、この丘が爆発すると、「半径数百メートル以内にい

た生きものは、一瞬にして死んでしまう」のだとクリスティアンセンは言う。「数千キロメートル以内の環境が一変してしまいます。トバの超巨大火山（インドネシアのスマトラ島にある火山で、約7万4000年前に噴火。一番最近噴火した超巨大火山）が噴火したときは、東南アジアの大半が灰と岩におおわれました」。しかも、こうした噴火の影響は周辺だけにとどまらない。「クラカトア火山は超巨大火山ではありませんが、それでも1883年の噴火後何年間も地球全体の気候に影響したと思われる証拠がいくつもあります。大気の上のほうにのぼった灰は、よく光を反射します。つまり、灰が空中にういているあいだ、日光が地面にとどきにくくなるのです。しかも灰がおりてくるには何年もかかります」。歴史学者たちは、クラカトア火山だけでなく、1783年のアイスランドと1815年のインドネシアでの噴火後にも1〜2年程度のこうした「小さな氷河期」の記録が残っていると言う。

「この火山の影響を超巨大火山にあてはめると、世界中の気候に重大な影響がおよび、それが何十年、いや何世紀もつづくと思われます」とクリスティアンセンは言う。実際にイリノイ大学アーバナシャンペーン校の人類学者スタンリー・アンブローズは、トバの超巨大火山噴火後、人類は少しずつ数千人まで減り絶滅寸前だったと言っている。彼の説によれば、人類がわりあい少ない数の共通の先祖で遺伝的につながっているというなぞとく。

ふつう超巨大火山が噴火すると、それまで溶けた岩が数千立方メートルたまっていた地下の空間はこわれ、イエローストーンのカルデラのように、地面に巨大な穴があく。このような穴は地球上で10カ所以上見つかっているが、ほとんどがホットスポットの上にある。ホットスポットとは、マントル・プルーム（地殻の下、奥深くからわきあがるマグマがたまるところ）が地上にむかってのびてきている場所のことだ。

恐ろしいことに、2001年、アメリカ合衆国の地質学者たちは、イエローストーン・カルデラは活動中で、将来噴火するかもしれないと警告。いつかは言わなかったが、そうなれば、アメリカの半分は9メートル以上の岩や灰の層におおわれてしまう。

しかし幸いなことに、すぐに噴火するようすはない。「超巨大火山の噴火はとてもまれです」とクリスティアンセンは言う。「現在見つかっている証拠はどれも、噴火の前には、何世紀とは言わないまでも、数十年間、前兆が見られることを示しています。ですから、いつかまた地球のどこかで超巨大火山が噴火するのはまちがいありませんが、当分心配はいらないでしょう」。どうやらわたしたちも安心していいらしい。

何かがおこる！
イエローストーン国立公園の間欠泉は、地下に地質学的ホットスポットがあることを示している。地面からそう遠くないところにマグマがたまっているのだ。うしろに見えているのは「オールドフェイスフル（古く忠実な）」という名の間欠泉だ。

地球内部

データ・ダウンロード

研究の現場では……ドリルのスリル

ウィリアム・エルスワースとともにサン・アンドレアス断層掘削計画（SAFOD）をおこなっている地球物理学者マーク・ゾバックが、難関突破について「タイム」誌にこう語ってくれた。

2005年の春から夏にかけて、わたしは、カリフォルニアの田舎の農場にあるSAFODの掘削現場でたくさんの時間をすごしました。あるとき、1週間ほどドリルの先が地下2.4キロメートルくらいのところで引っかかってしまい、また動かせるのかもわからず、チーム全員が、もうここで計画は失敗に終わるのかと気をもんでいました。しかし、石油掘削技術者が、なんとかドリルを動かしてくれたおかげで、またほり進むことができたのです。その後、8月の最初の週、わたしはずっとSAFODにいました。そのときついにサン・アンドレアス断層を貫通したのです。

掘削現場はサン・アンドレアス断層の西側にあって、ふつう断層の西側でいつも目にするのは、ほとんど花こう岩なのですが、1週間前から、その構成が変わってきていました。わたしたちは、その前に一度断層をつきやぶったと思っていたのですが、それは、どうやらそれまで知られていなかった別の断層だったようです。

笑顔　SAFODのドリルが断層にあたり、喜ぶエルスワース（左）とゾバック。

とつぜん、ドリルの先が何かにあたり、動きがずっと速くなりました。こういうことがあると、いつもわくわくします。そこにはたくさんの液体と気体がありました。この変わった岩を観察したところ、ほとんどがけつ岩とねんどでした。ふつうけつ岩やねんどは断層の東側で見られるのです。これらの岩が断層の遠くからきたものだと確認するには、検査の結果を待たなければなりませんでした。もっとも、これらのサンプルが取れたときから、わたしたちは断層を貫通したと確信していましたが。だれかがお祝いしようとシャンパンを1本もってきていました。でも、掘削現場ではアルコールは飲めません。そこで、近くの家でパーティーをすることにしました。ところが、断層をつきやぶったことがはっきりすると、みんなサンプルの分析に夢中になり、データの見直しで忙しくて、パーティーのことなど忘れてしまったのです。すでに予定していた深さまでほり進んでいましたが、わたしはこれが終わりではなく、はじまりなのだと思いました。まだ、新しい発見の時代の入り口に立ったばかりなのですから。

過去をふりかえる　セント・ヘレンズ山

「タイム」誌 1980年6月2日　ふうじこめられていたガスがおどろくほどの爆発をおこし、広島に落とされた核爆弾の約500倍もの力で、セント・ヘレンズ山の頂上をすっかりふきとばしてしまった。左右対称で美しかった標高2950メートルのセント・ヘレンズ山は、この1回の噴火で、400メートル低い、頂上の平らなみにくい山に変わってしまった。粉々になった岩が熱い灰になり、雲となって、約20キロメートル上空までふきあがった。とけた雪と灰がまざり、火口からふきだす途方もなく熱いガスにおし流され、巨大な土砂くずれがおき、ガラガラと斜面をすべり落ちて谷間に突入。まるで巨人がつみ木取りでもしているかのように、何百万本もの木をつぎつぎになぎたおしていった。

ものさし

地震
モーメント・マグニチュード

だれでも知っているリヒター・スケールだが、多くの人から時代遅れと言われていることは知らない人もいるだろう。1935年にアメリカの地震学者チャールズ・リヒター（1900年〜1985年）によって開発されたリヒター・スケールは対数で表されている。つまり、地震波の大きさは、マグニチュードの数が増えるごとに10の累乗（きまった回数だけ10に10をかけあわせること）ずつ大きくなる。

地震で発生するエネルギーのだいたいの大きさは、このマグニチュードと地震計から震央までの距離をふくんだ方程式で、かんたんに求められる。リヒター・スケールのマグニチュードは0から9までだが、実際には上限はない。

リヒター・スケールはカリフォルニアの地形にあわせてつくられたため、一般的には、リヒター・スケールと似た方法で評価する世界共通のモーメント・マグニチュード・スケールにとってかわられつつある。

大災害

数字で見る地震と火山

史上最悪の地震（1900年～2000年）
1. 唐山、中国　　　　　　　　　　1976年　255,000人死亡
2. 東京／横浜、日本　　　　　　　1923年　143,000人
3. カシミール、インド・パキスタン　2005年　87,350人
4. メッシーナ、シチリア　　　　　1908年　70,000～100,000人
5. 甘粛省、中国　　　　　　　　　1932年　70,000人

史上最悪の噴火（1900年～2000年）
1. プレー山、マルティニーク島　　　　1902年　30,000人死亡
2. バド・デル・ルイス山、コロンビア　1985年　26,000人
3. ピナトゥボ山、フィリピン　　　　　1991年　350人
4. セント・ヘレンズ山、アメリカ合衆国　1980年　57人
5. モントセラト、西インド諸島　　　　1997年　20人

なまの声

「無線を試してみよう。メーデー（助けてくれ）！　メーデー！　灰がはげしくふってくる。ここが暗いのか？　それともおれが死んだからなのか？　神様、おれは死にたくない！」

——デイヴィッド・クロケット
セント・ヘレンズ火山の噴火にまきこまれたテレビカメラマン。彼は生きのびた。

金星の火山

NASA（アメリカ航空宇宙局）の惑星探査船が太陽系を調査しているおかげで、地球でおなじみの地質現象がほかの惑星、それに小惑星でもおこっていることがわかってきた。このマート山の画像は金星探査機マゼランにつんだカメラで撮ったものだ。マート山は金星の表面からの高さが約8000メートルもある活火山だ。この人工的に着色した画像は1992年に公開された。下のほうの明るい部分は溶岩だ。

ここはどこ？

たちのぼる湯気　地下のホットスポットの近くにある、けむりをはきだす噴気孔は、ガラパゴス諸島のあちこちで見られる。この若い火山列島は今後も姿を変えつづけるだろう。

火山

分類

科学者は噴火を4つに分類している。

「ハワイ式噴火」は、マウナ・ロア山のように自然界でもっともおとなしい火山で、溶岩がわりあい静かに流れていて、大規模な爆発や石などが飛びだすことはない。

「ストロンボリ式噴火」は、イタリア、シチリア州北部のリーパリ諸島にあるストロンボリ山のように小さな噴火をくりかえし、ねばりけのある溶岩をふきだしつづけ、光がやく雲ができる。

「ブルカノ式噴火」は前の2つよりもずっと勢いがあり、火道にかたい栓ができ、つまったマグマが、たまったガスの圧力でついに放出されると、大爆発をする。

「プレー式噴火」は、マルティニークのプレー山のような、自然界でもっともはげしい火山だ。大爆発をおこし、灰や溶岩、超高温のガスでできた雲をふきだす。

●訳者 鈴木南日子（すずき・なびこ）
1971年東京生まれ。東京外国語大学外国語学部英米語学科卒業。生命保険会社勤務後、ロンドン大学バークベックカレッジにて修士号（映画史）を取得。主な訳書『写真が語る 地球激変』（ゆまに書房）、『カート・コバーン：ニルヴァーナ・デイズ　完全クロニクル』（ブルース・インターアクションズ）、『核を売り捌いた男』（ビジネス社）、『グリーンスパンの正体』（エクスナレッジ）ほか。

●翻訳協力　トランネット　www.trannet.co.jp

地球温暖化 自然災害の恐怖　第1巻 地震・火山

● ● ● ● ● ● ●

2008年11月25日　初版1刷発行

編者　「タイム」編集部

訳者　鈴木南日子

発行者　荒井秀夫

発行所　株式会社　ゆまに書房
東京都千代田区内神田2-7-6
郵便番号 101-0047
電話 03-5296-0491（代表）

印刷・製本　株式会社シナノ

デザイン　染谷盛一（atman）

● ● ● ● ● ● ●

© 2008 by TIME INC. HOME ENTERTAINMENT
ISBN978-4-8433-3033-3 C0044

落丁・乱丁本はお取替えします。
定価はカバーに表示してあります。